LES

CHEVAUX FRANÇAIS

EN ANGLETERRE

1865

PAR **E. HOUËL**,

Inspecteur Général Honoraire des Haras.

Prix : **2** Fr.

PARIS

Mᵉ BOUCHARD-HUZARD, LIBRAIRE-ÉDITEUR,

Rue de l'Eperon, 7

ET CHEZ TOUS LES LIBRAIRES DE FRANCE.

LES

CHEVAUX FRANÇAIS

EN ANGLETERRE.

Saint-Lo, imp. Jean Delamare.

C.

LES

CHEVAUX FRANÇAIS

EN ANGLETERRE

1865

PAR **E. HOUËL**,

Inspecteur Général Honoraire des Haras.

Prix : **2 Fr.**

PARIS

Mme BOUCHARD-HUZARD, LIBRAIRE-ÉDITEUR,

Rue de l'Eperon, 7

ET CHEZ TOUS LES LIBRAIRES DE FRANCE.

—

LES CHEVAUX FRANÇAIS

EN ANGLETERRE.

La victoire de *Gladiateur* dans le Derby et dans le Saint-Léger anglais de cette année, celle de *Fille de l'Air* dans les oaks de 1864 et les succès progressifs obtenus depuis quelques années par un certain nombre de chevaux français, sont bien certainement des gloires légitimes pour notre élevage; mais en examinant les faits avec attention, il n'y a rien là qui doive surprendre, ni exalter la France, ni décourager l'Angleterre. Les causes qui ont amené ce résultat, n'ont rien de spécial à l'une ni à l'autre nation et peuvent tour-à-tour être invoquées par les deux également, à leur avantage réciproque.

Les Anglais ont pris le cheval Arabe pur, ils l'ont amené par une suite de générations, à l'aide de leur climat, de soins hygiéniques bien entendus, joints à l'usage des Courses, à une taille et à une conformation qui ont développé chez lui des aptitudes et des caractères spéciaux. C'est un mérite que les hommes de cheval de l'avenir ne pourront leur contester et qui leur donnera une place éclatante parmi tous les peuples hippiques du monde. Mais il n'est pas dit que pour avoir ouvert la voie, d'autres ne puissent la suivre et arriver aussi loin qu'eux en s'inspirant de leurs idées et de leurs exemples. — Or, comme les mêmes causes produisent les mêmes effets, il était naturel de prévoir qu'un jour la France arriverait à combattre à armes égales avec l'Angleterre, sa devancière, puisqu'elle possède dans son vaste territoire des contrées soumises aux mêmes circonstances naturelles de sol, de température et de climat. Il ne restait plus qu'à mettre en usage les mêmes circonstances artificielles, c'est-à-dire à se servir des mêmes éléments, à user des mêmes méthodes, du même élevage et des mêmes préparations. Nous allons examiner jusqu'à quel point ce programme a été suivi, ce qui en est résulté et ce qui peut en résulter plus tard.

D'abord la question dominante a notre avis, est celle du sol et du climat, pour arriver à façonner la race pure anglaise, telle qu'elle est, avec ses aptitudes, sa confor- mation, sa taille, ses longueurs articulaires, il fallait ren- contrer un milieu semblable. Or, l'Angleterre est par sa situation géographique, un des pays du monde le plus propre à produire la race pure occidentale dans son type le plus élevé et encore quand nous disons l'Angleterre, nous ne parlons que de quelques contrées spéciales, telles que le Yorkshire, le Middlessex, l'Irlande et quelques autres localités ; car l'Ecosse, le Clydesdale, la Cornouaille et le Midi de l'Angleterre sont impropres à la bonne production du cheval de Course. C'est là un fait incontestable et qui résulte de l'examen des lieux de naissance et d'élevage des plus fameux chevaux de l'Angleterre et des familles les plus illustres. Le problème à résoudre était donc de trouver en France des contrées parfaitement analogues, sous tous les rapports, aux meilleurs berceaux anglais où le cheval pût rencontrer les mêmes conditions et se couler pour ainsi dire dans le même moule. Mais si l'Angleterre elle-même, ne possède que quelques contrées spéciales propres à produire le *racer* dans sa plus haute expression, la France, précisément à cause de la beauté de son climat, de l'air plus pur et plus tiède qu'on y respire, ne pouvait pas offrir dans toutes ses parties des localités propres au développement régulier de la forte race pure. Les unes trop méridionales, devaient produire un cheval plus léger, plus gracieux, plus liant, peut-être plus résistant à la fatigue, mais doué de moins de longueurs articulaires et possédant moins d'aptitude aux luttes de l'hippodrome. Les autres, bien que situées sous les mêmes latitudes que l'Angleterre, mais trop éloignées de l'air salin des mers, ne devaient faire naître qu'un animal lourd, lymphatique et aux formes trop arrondies. Une seule contrée en France s'est donc montrée à la hauteur des circonstances, et cette contrée est la Normandie. Il est à remarquer en effet que tous les chevaux qui ont pu lutter avec avantage contre les chevaux anglais, sont des chevaux nés en Normandie et on peut prédire avec certitude que très-rarement un cheval français, né ailleurs qu'en Normandie, ne remportera de grands succès contre les chevaux supérieurs de l'Angleterre. La Normandie seule, dans ses principaux berceaux, et dans quelques contrées qui l'avoisinent, réunit toutes les conditions des berceaux anglais les plus favorisés et cela n'a rien d'étonnant, puisque cette province n'est pour ainsi dire qu'une portion de l'Angleterre, séparée seulement par un ruisseau qui s'appelle la Manche, ou plutôt l'An-

gleterre elle-même, n'est qu'une partie de la France Neus-
trienne détachée par un cataclysme. Ce sont les mêmes
productions végétales, le même climat, le même sol, les
mêmes zônes de vents ; aussi les produits animaux soumis
à leur influence doivent-ils nécessairement affecter la même
conformation et participer aux mêmes qualités. S'il y
avait quelque différence, elle serait peut-être à l'avantage
de la Normandie ; l'air étant en général plus pur et moins
chargé de vapeurs que sur la côte anglaise, l'animalité y
prend un degré d'énergie, de vitalité, de densité de muscles, plus grand, tout en gardant ces belles lignes, cette
organisation puissante, cette taille élevée que donnent
également et exclusivement les berceaux anglais et les
berceaux normands. Sans remonter plus haut et en pre-
nant seulement les premiers chevaux de l'année on trouve
que Gladiateur, par *Monarque* et *Miss-Gladiator* ; Gontran,
par *Fitz-Gladiator* et *Golconde* ; Le Mandarin, par *Monarque*
et *Liouba* ; Argences, par *Moustique* et *Victorine*, sont
non-seulement tous nés en Normandie, mais encore issus
de père et mère normands pour la plus part ; Fille de L'Air
est fille, petite-fille et arrière petite-fille de juments nées
en Normandie ; Palestro est normand ainsi que son père
et sa mère, et les deux étalons français les plus fameux de
notre époque, Fitz-Gladiator et Monarque, sont également
normands tous les deux. Il en est de même de presque

tous les chevaux, vraiment supérieurs, qui ont paru dans les Courses en France, depuis 40 ans.

La question que nous venons de traiter a son importance, car il y a peu d'années encore, on soutenait que le climat de l'Angleterre seul pouvait produire le type du *racer*, dans sa plus haute perfection et que nous avions beau vouloir importer les productions mâles et femelles de la race pure, nous serions toujours obligés de recourir au reproducteur étranger, sans pouvoir le créer nous-même. Cette erreur doit être maintenant dissipée et il doit être admis en principe que le cheval Normand sera désormais l'égal du cheval Anglais, comme reproducteur, puisque la nature a donné à cette contrée les moyens de le reproduire sans presqu'aucune modification.

Examinons maintenant, en peu de mots, quelle fut la marche de l'élevage du cheval de pur-sang en France, depuis son introduction et quelle peut être la cause de la supériorité relative que nous avons obtenue sur nos voisins depuis quelques années.

Ce fut vers 1820 que le cheval de pur-sang anglais, commença à être employé sérieusement à la régénération de nos races et que les Courses commencèrent à être appréciées comme critérium des qualités de l'espèce amélioratrice. L'administration des Haras et le Haras de Meudon, possédaient quelques beaux types mâles et femelles qui, dès lors, pouvaient faire présager nos succès futurs ; mais le public en France, aime peu les nouveautés et des préjugés enracinés s'attachèrent à discréditer *ces ficelles de pur-sang qui n'étaient bonnes qu'à courir quelques minutes sur un gazon moëlleux ?* — C'était le style de l'époque ! — Il résulta de cet état de choses, que l'amélioration resta renfermée dans le centre administratif, où elle acquit cependant chaque jour une nouvelle importance, dont nous ressentons encore aujourd'hui les effets, puisque plusieurs de nos chevaux les plus fameux, entr'autres *Franc-Picard, Fille-de-l'Air, Surprise, l'Africain, Ventre-Saint-Gris* et tant d'autres descendent de juments nées et élevées dans les Haras de l'État.

Peu à peu cependant, des établissements particuliers se fondèrent, les Courses prirent de l'importance et des Sociétés se formèrent pour donner des prix de Courses. Malheureusement on ne comprit pas assez de quelle importance étaient le sol et le climat, pour la naissance et l'éducation du pur-sang ; on se jeta sans réflexion dans une foule de tentatives, qui devaient prolonger la longue enfance de l'institution des Courses Françaises. Il y a longtemps en effet, qu'on eût pu obtenir les mêmes résultats qu'à présent, si on ne se fût pas égaré dans la vaine pensée de vouloir faire le cheval de pur-sang partout. Si les sommes dépensées inutilement dans le midi de la France et dans diverses autres contrées du centre, réfractaires à l'élevage du cheval de vitesse, avaient été employées à former des *Studs* en Normandie, dans de bonnes conditions, on n'en serait pas à s'étonner aujourd'hui de notre lutte à forces égales avec l'Angleterre.

Dès l'année 1831, un cheval, appelé *Ganges*, issu de *Tigris* et d'*Eleonor*, jument du Haras du Pin, ayant été acheté par un Anglais, fut conduit en Angleterre et remporta des prix importants.

Toutefois, il faut dire aussi, qu'il nous fallait un certain temps pour acclimater parmi nous la race pure, car l'acclimatation des mères surtout est indispensable pour la prospérité de toute l'animalité. Elle est si essentielle pour la race chevaline, que l'on peut presque juger du mérite d'un cheval, selon qu'il comptera plus ou moins de générations sur le même sol ; témoins : *Gladiateur*, trois générations par son père, deux par sa mère ; *Fille-de-l'Air*, quatre générations par sa mère ; *Palestro*, deux par son père, deux par sa mère ; *Gontran* deux par son père, deux par sa mère, etc., et cependant cette vérité a été bien longtemps à être reconnue en France ; naguères encore, on préférait à la plus belle jument française, la moindre poulinière venue d'Angleterre, tandis que c'est presque le contraire qu'il faudrait faire. N'a-t-on pas vu des éleveurs, vendre pour le service et même expatrier à l'étranger, les plus précieuses

pouliches de leur élevage, tandis qu'ils faisaient venir à
grands frais d'Angleterre, des juments qui ne les valaient
sous aucun rapport.

Comme on l'a vu, c'est l'Administration des Haras qui a
fait venir d'Angleterre les premiers types mâles et femelles
de la race pure et c'est à elle que l'on doit encore jusqu'à
nos jours, les plus précieux types mâles de l'espèce. Or, c'est
ici l'occasion de faire une remarque importante et à laquelle
nous croyons devoir rattacher une des causes notables des
succès obtenus par les chevaux français sur leurs concurents.
Depuis longtemps en Angleterre, les Courses sont devenues
un jeu et un but de spéculation, dans lesquels on recherche
bien moins l'amélioration de l'espèce que l'occasion de paris
et de chances aléatoires; on s'attache donc beaucoup moins
pour le cheval de reproduction aux qualités extérieures et
organiques, qu'à celles de la vitesse, abstraction faite de tout
autre mérite.—Certes, la vitesse est un excellent *criterium*,
mais sans la conformation régulière, la vitesse seule peut
mener à d'étranges abus et arriver à faire produire un
animal tellement difforme et dégradé, qu'il sera incapable
de mettre un pied l'un devant l'autre. On pourrait citer
plusieurs Étalons, même parmi les plus fameux, dont les
produits lorsqu'ils ont pour mères des juments atteintes
des mêmes défauts, sont non-seulement impropres à tout
croisement améliorateur, mais encore n'ont plus même la

charpente indispensable pour le travail du turf et tombent dans les plus infimes non-valeur; les exemples abondent.

Il ne faut pas se dissimuler que depuis plusieurs années les types de reproduction ont baissé notablement en conformation. Serait-il facile, maintenant, de retrouver un grand nombre d'Étalons aussi parfaitement beaux que *Walebone, Doctor-Syntax, Emilius, Camel, Comus, Priam, Sir-Hercule*, le plus beau modèle que l'Angleterre ait jamais produit, et tant d'autres qui existaient dans le pays, il y a 30 ans! On a trop oublié le sage précepte, que pour faire un bon reproducteur, il fallait trois choses : *le sang, la vitesse, la conformation !* précepte établi cependant par l'Angleterre elle-même. La réunion de ces trois *desiderata,* serait la perfection, mais si quelque fois l'un d'eux devait fléchir, il vaudrait mieux céder la vitesse que la conformation ; tout cheval taré, sans équilibre, trop enlevé, sans poitrine, à boulets tuméfiés, à tendons faillis, ou à applombs faussés, doit-être absolument rejeté de la production, sous peine de voir transmettre à la descendance des défauts, qui, répétés par une certaine consanguinité qu'il est difficile d'empêcher, arriveraient comme nous l'avons dit, à la complète dégénération de l'espèce. Par contre, on voit souvent et très-souvent des étalons et des juments qui n'ont point couru, ou même qui ont mal couru, mais qui descendent de bonne origine et sont doués d'une belle et puissante conformation, donner des produits supérieurs comme vitesse, à ceux des chevaux les plus vites par eux-mêmes ; on en citerait mille exemples ; ainsi sans aller plus loin : *Gladiateur*, dont la mère, *Miss-Gladiator*, a été plus que médiocre dans ses épreuves, mais qui donne à ses produits sa belle prestance et sa riche organisation.

La France, heureusement, a agi différemment dans les achats de ses types reproducteurs ; il ne faut que jeter un coup-d'œil sur la liste des étalons achetés depuis 30 ans, par l'Administration des Haras, pour reconnaître que son choix a porté de préférence sur les animaux les plus parfaits comme beauté plastique, et surtout les plus nets de tares, à ce point que souvent les journaux anglais, qui ne ménagent pas les épigrammes aux français, en fait de connaissance chevaline, et qui ont souvent raison, donnaient le nom de chevaux à *la mode de France*, aux chevaux ramenés par nos acheteurs, et qui, choisis principalement au point de vue de la netteté et des belles proportions, n'étaient point toujours cependant très fashionnables en Angleterre. Ainsi : *Tigris, Royal-Oak, Cadland, Lottery, Physician, Y*ᵍ*-Emilius, Gladiator, The-Emperor, Sting, Baron, Prime-Warden, Faugh-a-Ballagh*, étaient des étalons admirables de conformation, et si quelques-uns n'avaient que très-peu marqué dans les courses, ou même s'y étaient montrés inférieurs, ils n'en ont pas moins été

des reproducteurs précieux, entr'autres, *Y^g-Emilius*, grand-
père de *Fille-de-l'Air*, de *Ventre-St-Gris*, et d'un grand
nombre d'excellents produits. Ce cheval, qui n'avait coûté
que 3,000 francs, n'aurait certainement jamais eu une seule
jument de pur-sang en Angleterre. Outre qu'il n'avait pas
été entraîné, on le trouvait trop lourd et trop fort pour
faire un *racer*. Cependant il joignait à un sang admirable,
étant fils d'*Emilius* et de *Cobweb*, une belle taille, des
membres superbes, une tête expressive, de longues lignes,
un rein puissant, une poitrine profonde, enfin c'était un
cheval *bâti en père*, comme nous disons en France, et
l'évènement nous a donné raison.

Royal-Oak, grand-père de *Monarque*, de *Surprise* et de
tant d'autres, acheté pour un faible prix, avait toutes les
qualités de distinction et de conformation qui constituent
le bon étalon, son sang coule dans les veines de la plus
part de nos meilleurs *racers* français.

The-Emperor, père de *Monarque*, était peut-être le plus
beau cheval au point de vue plastique qu'il fût possible de
voir, ses courses, malgré sa victoire dans le Cesarewitch,
qui lui valut son nom, ne l'avaient pas suffisamment dési-
gné comme père, aussi fut-il cédé pour un prix médiocre,
et cependant ses excellents produits en France, prouvent
quel parti on eût pu tirer de ce précieux étalon , sans la
mort prématurée qui arrêta sa carrière.

Prime-Warden, qui malheureusement n'a jamais fait la monte en Normandie, et qui a perdu presque tout son temps dans les plus infimes contrées chevalines, n'avait coûté que cent *livres,* et n'en était pas moins un des plus excellents reproducteurs que l'Angleterre ait jamais produit.

Sting, est un de ces vieux modèles près de terre et compacts comme il ne s'en rencontre plus. Il ne fut pas employé à la monte en Angleterre ; pendant son court passage au Dépôt de Paris, il donna d'excellents chevaux, entr'autres *Jouvence, Moustique, Beaucens, Echelle, Eperon, Agar,* mère de *Bois-Roussel, etc.* — Pendant 15 ans, il fut perdu dans le Midi, où la nature ne se prête pas à la reproduction du cheval de lignes ; mais placé en Normandie depuis un an, ce reproducteur, malgré son âge avancé, prouvera encore l'avantage des étalons d'une bonne et régulière conformation.

Quant à *Gladiator,* grand-père maternel de *Gladiateur,* c'était un de ces types tellement merveilleux, que l'on ne conçoit pas comment l'Angleterre a pu se défaire d'un pareil cheval et certainement si l'Angleterre eût possédé une administration publique ou une société désintéressée, cherchant la véritable amélioration, il n'eût jamais passé le détroit. Ce magnifique animal, irréprochable comme formes, avait un cachet d'élégance et de distinction qui rappelait le sang Arabe dans toute son idéale perfection.

Fils de *Partisan* et de *Pauline*, par *Moses*, il réunissait les sangs les plus fashionnables et les plus puissants, ceux de *Walebone*, de *Gohanna*, de *Walton* et de *Pot-8-Os*.

Du reste, ce cheval était trop supérieur pour être apprécié à sa juste valeur par la masse du public, il fut peu goûté à Paris et fut envoyé tour-à-tour à Angers, puis ramené à Paris, puis enfin fut envoyé au Haras du Pin, vieux et déformé, c'est là où il produisit cette brillante pléïade d'admirables reproducteurs qui feront éternellement sa gloire dans les fastes du turf français et parmi lesquels on compte : *Fitz-Gladiator, Surprise, Capucine, Ventre-Saint-Gris* et tant d'autres. On remarque que les trois derniers vainqueurs du Derby Anglais, *Macarony*, par *Sweetmeat, Blair-Athol*, par *Blink-Bonny*, fille de *Queen-Mary* et enfin *Gladiateur*, par *Miss-Gladiator*, sont tous descendants de *Gladiator*, à la deuxième ou à la troisième génération.

Il serait superflu d'entrer ici dans de plus longs détails sur le mérite des reproducteurs introduits en France par l'Administration des Haras, il est hors de doute que l'Angleterre, en négligeant comme elle l'a fait la question de conformation, a contribué pour une large part à la détérioration du *racer* Anglais et nous a laissé prendre un avantage auquel doit-être attribué en grande partie le succès que nous venons d'obtenir. Cette observation a

déjà été faite dans le discours prononcé au Corps-Législatif
à la fin de la dernière session, par M. de Saint-Germain,
avec lequel je suis heureux de me retrouver toujours en
complète conformité de doctrines chevalines.

Une autre cause signalée déjà par plusieurs auteurs
anglais, est celles des Courses de deux ans ; il est certain
que l'abus de ces épreuves, à l'époque où le système osseux
n'est pas formé, nuit progressivement de génération en
génération, à la bonne construction du *racer* anglais, à
la netteté de ses membres et surtout à la rectitude de ses
applombs. En France, elles sont heureusement fort rares
et les auteurs paternels et maternels de nos meilleurs
chevaux, n'y ont été que rarement soumis. Les mères de
Gladiateur, de *Fille-de-l'Air*, de *Bois-Roussel*, de *Vermouth*,
de *Gontran*, n'ont point couru à deux ans et plusieurs
juments dans la filiation de ces chevaux n'ont même jamais
couru.

Ne pourrait-on pas aussi mettre en ligne de compte à
l'avantage de l'élevage français, l'état de stabulation habi-
tuel et de fainéantise, dans lequel vivent le plus souvent
les étalons anglais, après avoir subi leurs épreuves qui se
terminent presque toujours à 3 ans ou au plus tard à 4,
pour les chevaux de première classe. A cette époque de la
vie, l'animal n'est pas encore entièrement développé, son
organisation n'est pas complète. Ce n'est pas le tout d'avoir

été soumis à l'état de poulain aux exercices les plus violents, si l'habitude de ces exercices n'est pas continué dans un degré moindre, bien entendu, mais de façon à entretenir les habitudes locomotives des organes principaux, — les lignes se raccourciront, les parties osseuses perdront les directions qui impliquent la marche rapide, les muscles s'affaisseront, les tendons s'entoureront de graisse et l'étalon deviendra incapable de transmettre à son produit les prédispositions de vitesse et d'énergie qui disparaissent peu à peu chez lui par le système de la stabulation. Ce système, je le sais, n'est pas général en Angleterre, mais il est certain que la plus part des chevaux destinés à faire des étalons sont presque toujours renfermés dans des paddoks, d'où ils ne sortent plus et sont privés d'exercice pour le reste de leur vie.

Les Arabes attachent la plus grande importance à entretenir l'étalon dans les conditions les plus propres au développement de sa vitesse et de son énergie, et l'Emir Abd-el-Kader, en envoyant un étalon de choix à S. M. l'Empereur Napoléon III, donnait pour avis, dans sa lettre d'envoi, de le faire courir au moins une fois par semaine. Certes il serait nuisible d'entretenir un étalon en état d'entraînement perpétuel, mais de fortes promenades journalières sont essentielles au bon entretien d'un étalon de pur-sang destiné à la régénération de son espèce, c'est un précepte qui a toujours été observé avec soin dans les établissements des Haras français et auquel on peut attribuer la bonne qualité des produits des étalons de l'Etat et la santé merveilleuse de ces animaux qui, presque tous, font preuve d'une remarquable longévité.

On peut dire aussi qu'un des moyens les plus sûrs de conserver en santé les étalons et les poulinières et de donner aux poulains une santé robuste et un tempérament à toute épreuve est de les laisser jouir, autant que possible, du grand air et de la liberté des pâturages. L'élevage français a adopté ces principes qui sont basés à la fois sur l'expérience et le raisonnement. Peut-être n'en est-il pas tout-à-fait de même en Angleterre, c'est ce que l'on peut inférer de l'article d'un journal anglais, qui reproche aux éducateurs de son pays l'élevage trop factice de l'écurie. — Nous reproduisons ces lignes sans nous porter garant, toutes fois, des observations qu'elles contiennent, car nous avons vu souvent nous-mêmes, en Angleterre, des studs parfaitement dirigés et où les poulinières et les poulains étaient élevés au grand air et en pleine liberté.

« Le système français est entièrement différent du nôtre, nous forçons
» la culture en serre chaude, ils développent la leur au grand jour. Com-
» parez la pêche mûrie artificiellement, à celle qui est le produit de la
» seule nature ? La couleur, la forme, peuvent-être plus belles pour la pre-
» mière, mais comme la seconde est plus ferme, plus parfumée, plus
» saine ! Il en est de même pour les chevaux, les nôtres sont artificiels,
» nés en vue de la vente, trop enfermés pendant leurs premières années,

» nourris dès leur naissance d'un autre aliment que le lait de leurs mères !
» Les poulains français jouissent au contraire de l'air, de l'exercice, des
» herbages, courent ensemble réunis en troupeaux et s'améliorent au
» contact les uns des autres. »

Je crois devoir indiquer aussi comme un des motifs de la décadence du *racer* anglais, ainsi que je l'ai dit ailleurs, la consanguinité qui s'établit dans la race pure anglaise par l'effet même de son principe qui consiste à rechercher toujours le cheval le plus en vogue, celui qui a le mieux couru ; or, le nombre de ces chevaux étant très-restreint il en résulte que tous les produits destinés aux Courses descendent au bout de quelques années, du même étalon, soit par le père, soit par la mère et que l'on voit s'éteindre d'excellentes familles par la seule raison qu'elles n'auront pas donné un grand vainqueur pendant une génération.

En ce moment, il ne reste guère en Angleterre, dans les grands types, que le sang de *Walebone* et ce sang, quelque bon et excellent qu'il soit, s'entache chaque jour d'avantage de consanguinité dont les effets s'annoncent spécialement par le développement du système lymphatique et l'usure précoce des membres, ainsi qu'on le remarque dans la descendance de *Touchstone*, d'*Orlando* et de plusieurs autres.

En France, jusqu'à présent, nous avons usé de plus de variété et il ne faut pas trop en attribuer le mérite à notre prévoyance, mais plutôt à notre insouciance ; comme les juments de pur-sang sont en général très-disséminées et que les étalons sont placés dans des localités fort éloignées les unes des autres pour satisfaire aux besoins de chacun, on regarde à faire voyager une jument pour aller trouver l'étalon en renom, on prend le premier qu'on a sous la main et celui-là se trouve justement celui qu'on aurait dû choisir.

Il ne sera pas sans intérêt à cette occasion de faire remarquer que les généalogies des plus fameux chevaux français de l'année sont exemptes de consanguinité au moins dans un degré rapproché.

GLADIATEUR	Monarque......	Emperor....	Defense........ Walebone—Waxy. Défiance —Rubens.
			Reveller-Mare . Reveller —Comus. Desingn —Tramp.
		Poëtess.....	Royal-Oak..... Caton —Golumpus. Smolensko—Mare.
			Ada........... Whisker —Waxy. Anna-Bella—Shuttle.
	Miss-Gladiator..	Gladiator...	Partisan....... Walton—Sir-Peter. Parasol—Pot-8-Os.
			Pauline........ Moses —Walebone. Quadrille—Selim.
		Taffrail.....	Sheet-Anchor.. Lottery —Tramp. Morgiana—Muley.
			Whisker-Mare . Whisker —Waxy. Ebor-Mare—Ebor.
FILLE DE L'AIR.	Faugh-a-Ballagh	Sir-Hercules	Walebone...... Waxy —Pot-8-Os. Pénélope—Trumpator.
			Peri........... Wanderer—Gohanna. Thalestris—Alexander.
		Guiccioli....	Bob-Booty..... Chanticleer—Woodpecker. Ierne —Bagot.
			Flight......... Escape —Commodore. Ye-Heroïne—Bagot.
	Pauline........	Volcano.....	Vulcan......... Verulum—Lottery. Puss —Teniers.
			Mansfield-Lass. Filho-da-Puta—Haphazard Variety —Selim.
		Bathilde....	Ye-Emilius..... Emilius—Orville. Cobweb—Plantom.
			Odine......... Tigris —Quiz. Miss-Ann—Figaro.

Gladiateur est, comme on le voit, aussi éloigné que possible de *l'in-and-in*, puisqu'on ne lui trouve pas une seule consanguinité avant la 5me génération où se répète trois fois le sang du célèbre *Waxy*, une fois par *Whisker* et une fois par *Walebone*.

Fille-de-l'Air offre encore une généalogie beaucoup moins consanguine, puisqu'on ne trouve qu'à la 6mo génération une double filiation par *Bagot*.

Il en est de même de *Gontran* qui n'offre qu'à la 6me génération une double descendance de *Sorcerer*, on pourrait citer vingt autres exemples parmi nos meilleurs chevaux.

Avant de terminer la série des causes auxquelles on peut attribuer les succès obtenus depuis quelques années par les chevaux français sur les chevaux anglais, succès qui sont d'autant plus remarquables que nous opérons sur un nombre de sujets quatre fois moins considérable, nous ne dirons qu'un mot de la nécessité que nous prévoyons pour un avenir prochain, de recourir au sang arabe, pour régénérer le type du pur-sang anglais, dont la conformation en se modifiant sans cesse finira par être entachée d'une dégénérescence telle, qu'elle ne répondra plus au besoin d'un croisement utile pour les espèces de service. On aura le cheval vite, c'est vrai, mais on n'aura plus le cheval propre à l'amélioration réelle et utile des autres espèces ! Du reste, je le reconnais, cette question est un hors-d'œuvre ici, puisqu'elle regarde également la France et l'Angleterre et n'implique en rien la prééminence de l'élevage d'une des nations sur l'autre. D'ailleurs elle se complique de la difficulté toujours plus grande de trouver maintenant le vrai type arabe dans sa perfection. — Nous n'avons donc voulu que constater ici une aspiration qui trouvera sans doute beaucoup de contradicteurs, mais à laquelle, selon nous, reste attaché le perfectionnement de la race chevaline chez tous les peuples du monde.

Les Anglais ont un peu raison d'ailleurs de s'attribuer une grande part dans nos victoires récentes. Les chevaux qui ont obtenu de grands succès sur les leurs, avaient tous séjourné plus ou moins en Angleterre, y avaient été nourris et la plupart tout-à-fait entraînés, ils étaient montés par des jockeys anglais et n'avaient fait pour ainsi dire que naître en France. Il est vrai que cette naissance était déjà quelque chose, puisque les pères et les mères étaient aussi souvent français eux-mêmes ce qui constitue la nationalité. Toutefois, pour qu'un essai put être fait avec impartialité, il faudrait que le cheval français eût été élevé et entraîné en France, qu'il eût été préparé par un entraîneur français et monté par un jockey français. Sans cela la victoire sera toujours belle et glorieuse sans doute, mais elle n'aura pas le cachet de certitude nécessaire pour arriver à une comparaison radicale entre les deux pays. Toutefois, nous pensons que dans ce cas même nous pourrions encore lutter à forces égales, et si l'Angleterre veut maintenir sa prééminence, elle doit se hâter de réformer quelques abus qui ne tendraient à rien moins qu'à la lui faire perdre.

En ce moment, notre infériorité la plus positive, gît dans la pénurie que nous éprouvons de bons terrains d'entraînement. On trouve plus facilement en Angleterre des sols favorables aux exercices des jeunes chevaux, ni trop durs dans les chaleurs, ni trop mous dans les temps de pluies ; d'ailleurs des frais considérables sont faits chaque année pour leur amélioration ; en France, on se contente la plus part du temps de ce qui se trouve sous la main. Avec des recherches intelligentes il serait possible cependant de trouver en France d'excellents terrains, mais pour l'instant, tout l'avantage, il faut le dire, reste à l'Angleterre, et cette circonstance empêchera d'ici longtemps les petites écuries, de lutter avec succès contre les grandes, qui ont le moyen de finir l'entraînement de leurs chevaux en Angleterre.

Ceci nous amène à rendre hommage à M. de Lagrange, pour la persévérance et la hardiesse avec laquelle il a su aborder les difficultés de la situation, profiter des avantages et vaincre les obstacles. Si tous les turfistes de France avaient suivi la marche naturelle des choses, si depuis 40 ans on eût adopté les indications et les exemples donnés par l'Administration des Haras, il y aurait maintenant en France 50 *Gladiateurs* par an et M. de Lagrange ne compterait que comme un vainqueur de plus ; mais presque seul il a tout simplement suivi la droite voie, il a d'abord commencé par acheter l'écurie de M. Aumont, éleveur judicieux, qui avait compris l'élevage rationel en choisissant de bons types et en les plaçant sur un sol favorable. M. de Lagrange continua les errements de son prédécesseur, il y ajouta le mérite d'une grande position, d'une haute intelligence pratique en affaires, d'une volonté puissante et active et il a fait ce que les autres n'ont pu faire, ou n'ont pas voulu faire. Son nom et celui de M. Nivière avec lequel il fonda la *grande écurie*, seront justement inscrits au livre d'or du turf français. C'est en bravant noblement les oppositions que de basses jalousies voulaient susciter aux associations que ces Messieurs en sont arrivés à placer le turf français à la hauteur qu'il vient d'atteindre. L'amélioration du cheval ne peut être entreprise que par les gouvernements, les aristocraties, ou les associations. L'individualisme y échouera toujours, ou n'y jettera qu'un éclat passager.

La victoire de *Gladiateur* a causé en France un grand étonnement, parce que malheureusement, il y a dans les masses un préjugé contre les chevaux français. Il semble que tout ce qui est bon en fait de chevaux doit venir de l'étranger ! Ne disait-on pas naguère que jamais la France ne pourrait produire de rapides trotteurs et en quelques années, des encouragements quoique peu considérables et peu nombreux, ont fait jaillir des trotteurs tels que *Miss-Pierce, Espérance, Bayadère* et tant d'autres, capables de battre les chevaux les plus vites de l'Amérique et de la Russie ? Ne disait-on pas que la France ne pouvait produire des sauteurs et des chevaux de chasse, semblables à ceux d'Angleterre, et voilà que *Franc-Picard, l'Africain, Auricula, Magenta* et autres se placent au-dessus des plus fameux sauteurs d'Angleterre ! Ne disait-on pas que la France ne pouvait lutter avec l'Angleterre pour le cheval de selle et en ce moment les deux plus beaux chevaux de selle de France et peut-être du Monde sont deux chevaux Français ! ne disait-on pas que l'Allemagne et l'Angleterre pouvaient seules avoir le monopole du beau et brillant carrossier, du cheval d'action et de genre et cependant on voit dans les écuries de l'Empereur des carrossiers et des chevaux de Daumont qu'on chercherait vainement aux mêmes prix en Angleterre ! Ne disait-on pas enfin que jamais la France n'égalerait l'Angleterre pour l'élevage du cheval de pur-sang et voilà que *Gladiateur* et *Fille-de-l'Air* remportent les trois plus grands prix sur l'élite des produits anglais.

Eh ! bien, malgré cela il y aura encore des gens qui soutiendront que le cheval français est indigne du monde élégant, nous verrons encore nos amateurs recourir sans cesse à l'étranger pour en obtenir les chevaux de service dont ils ont besoin, au grand détriment du commerce français qui n'ose se livrer à une industrie coûteuse et délicate sans être assuré d'une vente facile et d'un débouché fructueux.

Les pires aveugles sont ceux qui ne veulent pas voir comme les pires sourds sont ceux qui ne veulent pas entendre.

Pour nous résumer, nous formulerons ici la récapitulation de ce travail en huit propositions qui doivent renfermer la solution de la question soulevée :

1° Comme question de climat, la France, dans sa partie, dite la Normandie, peut faire le cheval de pur-sang à l'égal de l'Angleterre, avec peut-être un léger avantage dû à la pureté de l'atmosphère et à la douceur du climat.

2° Sous le rapport de l'entraînement et des soins donnés aux chevaux, les méthodes étant les mêmes et la plupart des entraîneurs et des jockeys étant Anglais il y a égalité.

3° L'avantage reste à l'Angleterre pour les lieux d'exercice et c'est un point d'infériorité marqué pour notre élevage, jusqu'à ce que des terrains convenables aient été découverts et préparés avec soin. Aussi, est-il juste de dire que jusqu'ici les chevaux vainqueurs en Angleterre, y ont été entraînés, ont été préparés par des entraîneurs anglais et montés par des jockeys anglais.

4° Les courses de chevaux de deux ans en extrapassant dans un âge trop tendre les forces de la nature, tendent certainement à faire baisser peu à peu le niveau du mérite des chevaux anglais. En France, heureusement, cet usage est moins général, surtout pour les pouliches, il serait à désirer qu'il fût entièrement aboli chez les deux nations.

5° L'état de la stabulation dans lequel vivent habituellement les étalons en Angleterre après leurs courses, nuit à la conservation de leurs qualités locomotives, c'est à cette cause qu'on peut attribuer la faiblesse des membres et les infiltrations articulaires et tendineuses de la plupart de leurs étalons les plus précieux.

6° Le grand air et la liberté des pâturages est une nécessité de l'élevage, que tous les peuples hippiques ont mis en pratique, qui fait la base du système de l'éducation arabe et que les anglais eux-mêmes ont si bien exprimé par ce dicton : *air, exercice and food* ! le grand air, l'exercice et la bonne nourriture ! Si, comme on le dit, ce précepte est négligé dans l'élevage actuel de la Grande-Bretagne, il faudrait y chercher une des causes de l'infériorité actuelle de la plupart de ses *racers*.

7° La consanguinité forcée qui s'établit en Angleterre par suite de l'usage de donner toutes les juments de tête à deux ou trois étalons principaux qui sont souvent de la même famille, est certainement une cause d'abâtardissement de l'espèce dont on ressent déjà les effets. Jusqu'à présent, des causes diverses ont préservé la France de ce danger, dont elle fera bien de se garder à l'avenir et que l'Angleterre ferait sagement d'éviter.

8' Enfin, les Haras français ayant eu soin de s'attacher principalement dans leurs achats à la conformation du cheval, ont doté la France de reproducteurs de premier ordre, dont on retrouve la descendance dans les principaux vainqueurs de notre époque ; tandis que l'Angleterre, qui suit le système contraire, risque peu à peu de faire dégénérer sa race dans les qualités les plus essentielles.

Cette dernière considération est celle qui nous paraît avoir le plus influé sur le progrès rapide du *racer* français.

Si la France veut continuer à marcher dans la voie des succès qu'elle vient de s'ouvrir, elle n'y parviendra qu'en continuant à choisir avec soin ses types régénérateurs mâles et femelles, parmi les familles les plus remarquables, non-seulement par le sang et les qualités, mais aussi par la belle et saine conformation, et si l'Angleterre ne veut pas renoncer au sceptre hippique qu'elle a si longtemps porté, elle doit s'attacher à conserver les plus beaux et les plus irréprochables types, sous le rapport de la conformation et de la netteté de leur organisme extérieur et intérieur.

C'est surtout en fait de chevaux qu'il faut que le beau soit toujours camarade du bon.

Saint-Lô, Imp. Jean Delamare.

www.ingramcontent.com/pod-product-compliance
Lightning Source LLC
Chambersburg PA
CBHW070714210326
41520CB00016B/4331